Impressum:

Copyright © 2016 GRIN Verlag, Open Publishing GmbH
Druck und Bindung: Books on Demand GmbH, Norderstedt Germany
ISBN: 9783668425330

Dieses Buch bei GRIN:

http://www.grin.com/de/e-book/356363/betrachten-als-erkundungsverfahren-des-
biologieunterrichts-biologie-6

Tim Hoffmann

Betrachten als Erkundungsverfahren des Biologieunterrichts (Biologie 6. Klasse Gymnasium)

GRIN Verlag

Institut für Biologie II der RWTH Aachen,
Abteilung für Zoologie und Humanbiologie
Begleitseminar zum Praxissemester Biologie
Sommersemester 2016

PROJEKTBERICHT zum PRAXISSEMESTER

Erkenntnisgewinnung

Betrachten als Erkundungsverfahren des Biologieunterrichts

Tim Hoffmann
M. Ed. Gy/Ge Biologie, 2. Fachsemester
Aachen, den 17.08.2016

Inhaltsverzeichnis

1 Einleitung

Der vorliegende Projektbericht zum Praxissemester beschäftigt sich mit einem Teilaspekt der fachgemäßen Arbeitsweisen des Biologieunterrichts, genauer mit dem Erkundungsverfahren *Betrachten* und dessen Einbindung in einen von Erkenntnisgewinnung bestimmten Fachunterricht. Das Betrachten steht neben dem Beobachten, dem Untersuchen und Experimentieren als eine der vier Erkundungsformen, die im modernen Biologieunterricht praktiziert werden. Um zu ergründen, welche Stellung die Erkundungsform des Betrachtens im Unterricht einnimmt, wird zunächst in Kapitel 2 ein allgemeiner und aktueller Forschungsstand dargelegt, der an die derzeit gültigen Kernlehrpläne des Landes Nordrhein-Westfalen und zeitgenössische Didaktiken angelehnt ist. Kapitel 3 widmet sich als Hauptteil dieser Arbeit dann dem Betrachten als konkretes Erkundungsverfahren in einer exemplarisch vorgestellten Unterrichtsstunde und stellt somit den Bezug zwischen Theorie und Praxis her. Ferner wird die betrachtete Unterrichtsstunde in Bezug auf ihre Planung einer methodisch-didaktischen Analyse unterzogen. Damit soll nachgewiesen werden, wie die Erkundungsform des Betrachtens sinnvoll und zielgerichtet im problemorientierten und durch eigenständiges Erkunden der Schüler geprägten Biologieunterricht angewendet werden kann.

In einer abschließenden Reflexion möchte der Verfasser des vorliegenden Berichts seine auf konkreten Erfahrungen beruhende persönliche Einschätzung über die untersuchte Erkundungsform und ihr gelingendes Anwenden im forschenden Unterricht darlegen.

Im Anhang dieses Berichts befinden sich der Entwurf der Unterrichtsplanung, ein visueller Impuls zum Beginn der Unterrichtsstunde sowie das in selbiger verwendete Arbeitsmaterial.

2 Das Erkundungsverfahren des Betrachtens in der Theorie

Das folgende Kapitel widmet sich zunächst dem allgemeinen Postulat nach einer naturwissenschaftlichen Grundbildung, aus der zwangläufig die naturwissenschaftliche Erkenntnisgewinnung als praktikabler Weg einer didaktischen Begleitung von Schülern[1] auf ihrem Weg zu

---

[1] Zur besseren Lesbarkeit vorliegender Arbeit verzichtet der Verfasser bei personenbezogenen Bezeichnungen, die zugleich auf eine männliche und weibliche Form referieren –auf die Nennung beider Schreibweisen. Damit ist keinesfalls eine Diskriminierung beabsichtigt – das Gegenteil ist der Fall, denn durch den Verzicht einer explizit angeführten weiblichen Form werden die Zusammengehörigkeit und allgemeine Gültigkeit der verwendeten Form unterstrichen.

einem selbständig erkundenden Lernen hervorgeht. Ein Teil dieser Erkenntnisgewinnung wird im Biologieunterricht durch die fachgemäße Arbeitsweise des *Betrachtens* realisiert. Letzteres erfordert – wie in vorliegender Arbeit zu zeigen sein wird – mehr als das bloße Hinsehen, sodass eine Abgrenzung zum allgemein gebräuchlichen Begriff des Betrachtens in der Alltagssprache und des Operators im Zusammenhang mit Gegenständen und Unterrichtsmaterialien notwendig scheint.

2.1 Naturwissenschaftliche Grundbildung

Im Rahmen der Umstrukturierung der Sekundarstufe I des Gymnasiums wurden auch die Kernlehrpläne angepasst. Der aktuelle Kernlehrplan (KLP) aus dem Jahre 2008 fordert deshalb eine naturwissenschaftliche Grundbildung, die er im Sinne einer Scientific Literacy auffasst.

> Unter dieser wird die Fähigkeit verstanden, naturwissenschaftliches Wissen anzuwenden, naturwissenschaftliche Fragen zu erkennen und aus Belegen Schlussfolgerungen zu ziehen, um Entscheidungen zu verstehen und zu treffen, welche die natürliche Welt und die durch menschliches Handeln an ihr vorgenommenen Veränderungen betreffen (KLP 2008).

Daraus wird im Weiteren abgeleitet, dass es Ziel der Bildungsstandards einer naturwissenschaftlichen Grundbildung sein müsse, unter anderem ein Verständnis der Sprache der naturwissenschaftlichen Fächer sowie ein Auseinandersetzen mit den spezifischen Methoden ihrer Erkenntnisgewinnung zu erwirken (cf. ebd.). Dies ermögliche eine analytische und rationale Betrachtung der Welt (cf. ebd.). Damit zielt die naturwissenschaftliche Grundbildung auf „Auseinandersetzung mit der sich verändernden Welt und [...] die Aneignung neuer Wissensbestände" (ebd.), sodass dem Schüler neben einem Fachwissen auch die notwendigen Kompetenzen an die Hand gegeben werden, um selbständig und kritisch Fragen und Probleme des Alltags mit naturwissenschaftlichen Bezügen, die sich häufiger als zunächst vermutet ergeben, zu beantworten oder zu reflektieren. Die fachgemäßen Arbeitsweisen im Biologieunterricht bilden demzufolge nur einen Ausschnitt dieser Bestrebungen, wobei die Methode des Betrachtens vor allem in solchen induktiven Ansätzen zum Tragen kommt, die es als Auslöser für einen naturwissenschaftsnahen und deshalb problemorienteierten Unterricht verwenden.

2.2 Naturwissenschaftliche Erkenntnisgewinnung

Folgt man den Ansichten des Fachdidaktikers Harald Gropengießer, besteht die „Aufgabe des naturwissenschaftlichen Unterrichts [...] nicht darin, den Lernenden naturwissenschaftliche Aussagen als ein feststehendes Tatsachengebäude zu vermitteln" (Gropengießer 2013), sondern vielmehr sollen sie „einen Einblick gewinnen, wie naturwissenschaftliche Erkenntnisse gewonnen werden und auf welchen Voraussetzungen sie beruhen" (ebd.). Daraus ergibt sich die Wichtigkeit der konkreten Anwendung wissenschaftlicher Methoden im Biologieunterricht, die sich unter anderem in den Erkundungsformen wiederfinden. Die Zielsetzung des Biologieunterrichts folgt also einer klar erkennbaren Richtung, welche die Lernenden mit Hilfe von konkreten wissenschaftspropädeutischen Prozessen hin zum selbständigen Erkunden, Denken und Forschen führt.

Die Bildungstheoretikerin Petra Baisch interpretiert den Kompetenzbereich der Erkenntnisgewinnung in den oben genannten Bildungsstandards als eine Zusammenfassung fachgemäßer Denk- und Arbeitsweisen (cf. Baisch 2016). Dies leitet sie aus den Forderungen nach einem Auseinandersetzen der Schüler mit den naturwissenschaftlichen Erkenntnisprozessen und deren Charakteristika ab (cf. ebd.). Drei Dimensionen seien leitend für diese Prozesse: erstens das *Wissenschaftsverständnis*, zweitens das *Verfolgen wissenschaftlicher Erkenntnisprozesse* und drittens das *Beherrschen von Arbeitstechniken* (cf. ebd.). Letzteres ist entscheidend, „um im Laufe der Schulzeit ein aufgeklärtes Verhältnis zu den wissenschaftlichen Erkenntnissen erlangen zu können" (ebd.). Damit die Schüler „zu einem möglichst eigenständigen Erkunden und Lernen" (ebd.) befähigt werden, ist es demzufolge notwendig, die für den jeweiligen Unterrichtsgegenstand angemessene Arbeitsweise zu ermitteln. Dazu bleibt indes anzumerken, dass es selbstverständlich niemals den einen und somit einzig richtigen, zu wählenden Ansatz für eine Unterrichtsstunde gibt, sondern die Wahl stets in Abhängigkeit zum verfolgten Lernziel und einer korrelierenden Methode steht.

Auch der Biologiedidaktiker Jürgen Mayer zählt die „Inhalte und Kompetenzen naturwissenschaftlicher Erkenntnisgewinnung [...] zum Kern naturwissenschaftlicher Bildung" (Mayer 2007). Er erachtet dabei – vergleichbar zur Position von Baisch – ebenfalls den Kompetenzbereich der Erkenntnisgewinnung als Rahmenmodell der oben genannten drei Dimensionen. Zu diesen existieren verschiedenste Erklärungsansätze aus entwicklungs- und kognitionspsychologischer, naturwissenschaftsdidaktischer und naturwissenschaftsdiagnostischer Perspektive, die Mayer auf Gemeinsamkeiten hin untersucht hat. Dabei stellt er fest, dass alle Ansätze trotz ihrer Differenzen „letztlich den Prozess des wissenschaftlichen Vorgehens als Problemlöseprozess beschreiben" (ebd.). Das Problemlösen kann dabei als das Bewältigen einer vorübergehenden Diskrepanz zwischen einer anfänglichen Unwissenheit und einer schlussendlichen Erkenntnis angesehen werden. Durch einen Bezug zur eigenen Lebenswirklichkeit soll dem Lernenden ein interessanter und motivierender Zugang zum Unterrichtsgegenstand angeboten werden, wobei der Schüler idealerweise selbst das Problem erkennt, sodass automatisch kognitive Prozesse angeregt werden, welche die Entwicklung einer eigenen Lösungs-strategie begünstigen und vorantreiben (cf. Killermann 2013).

Die Problemorientierung des modernen biologischen Fachunterrichts soll deshalb auch in vorliegender Arbeit in den Vordergrund gestellt werden und bildet den zentralen Zugang der noch vorzustellenden Unterrichtsstunde.

2.3 Betrachten – eine Abgrenzung der Begrifflichkeit

Die Erkundungsform des Betrachtens muss vor allem vor dem Hintergrund einer im allge-meinen Sprachgebrauch verankerten Vorstellung des Begriffes präzise abgegrenzt und als naturwissenschaftliche Arbeitsweise verstanden werden. Im Folgenden sollen die Gründe dafür angeführt werden.

„Das bloße Hinsehen vermittelt nur einen oberflächlichen Eindruck eines Objektes" (Killer-mann 2013), leitet Killermann seine Definition der fachtypischen Arbeitsweise *Betrachten* ein. So erfordere es bei einem Spaziergang durch den Park mehr als das ungerichtete Wahr-nehmen verschiedener Bäume, um anschließend genaue Eigenschaften oder Charakteristika dieser Vielfalt wiederzugeben (cf. ebd.). Somit werden ein „aufmerksames, bewusstes Erfas-sen von Erscheinungen [sowie] eine aktive Auseinandersetzung mit dem Gegenstand" (ebd.) notwendig, um die Anforderungen an eine wissenschaftliche Arbeitsweise zu erfüllen. Erst dann würden die Eigenarten deutlich und die Einzelheiten erkennbar (cf. ebd.). Um sicherzu-stellen, dass die Lernenden während der Ausübung dieser Arbeitsweise das Wesentliche nicht aus den Augen verlieren, bedürfen sie gerade bei anfänglichen Begegnungen mit dieser Er-kundungsform – also vor allem in der Sekundarstufe I – einer Anleitung. Diese kann sinnvoll durch einen Kriterien geleiteten Ablaufplan geschehen, wobei die Schüler idealerweise in das Aufstellen der für die folgende Betrachtung relevanten Merkmale und Besonderheiten einge-bunden werden, was beispielsweise in einem vorgeschalteten Lehrer-Schüler-Gespräch ge-schehen kann. Dadurch üben sie nicht nur das Behandeln eines Objekts unter wissenschaftli-chen Gesichtspunkten, sondern legen auch selbst die Schwerpunkte fest, die dann bei der Durchführung den Fokus der Lernenden gewährleisten.

Das Betrachten besteht demzufolge aus zielgerichteten Prozessen der Wahrnehmung, an deren Schluss eine Erkenntnis in Bezug auf die besonderen Eigenschaften und Merkmale des in Augenschein genommen Objektes steht. Zu dieser Erkenntnis verhilft allerdings nicht das bloße Betrachten allein. Killermann führt an, dass neben den Wahrnehmungsvorgängen auch Denkvorgänge entscheidend für das Gelingen dieser Arbeitsform seien (cf. ebd.). Diese bestehen aus einem Bewerten, Urteilen und Schlussfolgern, sodass erst dann ein Zusammenspiel von Wahrnehmen und Denken entstehe (cf. ebd.). Darüber hinausgehend sei laut Killermann eine Versprachlichung des Perzipierten notwendig, um schlussendlich zu Anschauung und Erkenntnis zu gelangen. Denn erst durch das Verbalisieren könne die erforderliche Abstraktionsleistung erbracht werden, die entscheidend sei, um von der Naturerscheinung, dem konkret Gegebenen, zu Begriff und Urteil zu gelangen (cf. ebd.). Ein resultierender, offenkundiger Vorteil besteht in der damit einhergehenden Ingebrauchnahme von spezifischen Fachwörtern und der Fachsprache im Allgemeinen, die so durch die Lernenden als sich vollziehender Begleitprozess automatisch erlernt bzw. weiter ausgeschärft werden. Dabei dürfe laut Baisch der Prozess der Versprachlichung nicht unterschätzt werden, da den Lernenden das Formulieren treffender Aussagen oftmals schwer falle (cf. Baisch 2016).

Da sich das Betrachten in der Regel an ruhenden Objekten vollzieht, die dem Betrachtenden ein unverändertes Erscheinungsbild und gleichförmige Eigenschaften und Merkmale präsentieren, bietet sich das „Zeichnen [als] eine Arbeitstechnik zum Üben der Denkfähigkeit" (Killemann 2013.) an, denn oftmals bereite die Transformation von dreidimensionalen Objekten auf eine Ebene noch Schwierigkeiten (cf. ebd.). Zudem unterstützt die Projektion des Objekts die Fokussierung der Lernenden auf die zuvor festgelegten und relevanten Merkmale, sodass das Zeichnen als „wertvolle Hilfe zum sorgfältigen [...] Betrachten" (ebd.) angesehen werden kann. Zum Zeichnen hinzu tritt dann häufig nachgeschaltet noch der Vergleich als weitere Arbeitsweise, der ebenfalls die bereits genannten Denkprozesse anregt und fördert.

Offen bei vielen Didaktikern bleibt die Frage, ob das Betrachten allein auf Formen der visuellen Wahrnehmung beschränkt bleiben oder aber durch weitere Sinnesempfindungen ergänzt werden sollte. Sicherlich ist der das Betrachten sprachlich beschreibende Begriff mit einer deutlich visuellen Konnotation behaftet, dennoch sind auch betrachtende Prozesse durch akustische, olfaktorische oder haptisch-sensible Erkundung denkbar. So können beispielsweise die Rauheit einer Borke oder glatte bzw. klebrige Oberflächen verschiedener Blätter keinesfalls nur visuell erschlossen werden, sondern bedürfen der Qualitäten der angesprochenen Sinne.

Zum Schluss muss eine weitere Abgrenzung vorgenommen werden, die aus der didaktischen Operationalisierung von Aufgabenstellungen resultiert. Denn Betrachten ist als Operator, ein handlungsinitiierendes Verb, weit verbreitet und in dieser Funktion eher wie eingangs des Kapitels erwähnt auf seinen alltagssprachlichen Kontext reduziert, was z. B. deutlich wird, wenn Abbildungen, Graphiken oder Modelle betrachtet werden sollen.

2.4 Eine kontroverse didaktische Perspektive auf das Betrachten

Gropengießer kritisiert die Einteilung der Erkundungsverfahren nach Gesichtspunkten der jeweils behandelten Objekte, die in einem Reiz-Reaktions-Verhältnis zum Erkennenden stehen (cf. Gropengießer 2013). Die durch die Objekte verkörperten Eigenschaften werden dabei auf die Erkundungsform projiziert, sodass sich eine klassische Terminologie ergibt, wonach unbewegte Objekte *betrachtet* und ihr Bau *untersucht* werden können, bewegte Objekte hingegen *beobachtet* und im Hinblick auf ihre Funktion *experimentell* analysiert werden können (cf. ebd.). Er wendet ein, „dass die Wirklichkeit jeweils vom erkennenden Subjekt konstruiert wird und nicht allein von den Objekten oder den empirischen Daten determiniert ist" (ebd.). Damit rückt er den Lernenden als einen Erkennenden in den Fokus und beschreibt die Erkundungsverfahren aus dessen Perspektive. Die Beschaffenheit und Eigenschaften der zu erkundenden Objekte spielt also nur eine nachrangige Rolle – einzig das Erkunden im Sinne einer Handlung des Forschenden ist maßgeblich für seine Betrachtung. Somit verortet Gropengießer das Betrachten im Beobachten, dem er ebenfalls das Untersuchen als ein Beobachten mit Eingriffen in den Bau zuordnet, und stellt dem das Experimentieren ergänzend gegenüber. Gropengießer richtet damit die Frage nach der Existenzberechtigung der bekannten und tradierten Vierteilung der Arbeitsweisen an die Lehrenden. Ohne die Frage nach der Sinnhaftigkeit oder Berechtigung dieser Ansicht zu beantworten, lässt sich über diese Simplifizierung wahrlich streiten, zumal sie die Konzepte der einzelnen Erkundungsverfahren infrage stellt. Der Vorteil dieser alternativen Betrachtungsweise indes liegt neben der erwähnten Vereinfachung in einer Neuorientierung sowie einer damit einhergehenden Vereinheitlichung und Verflechtung der zuvor nebeneinander existierenden Erkundungsverfahren.

Damit verbleibt diese Sichtweise vorerst als eine mögliche Alternative und erst die künftige Entwicklung wird zeigen, ob diese Zweiteilung im Schulalltag praktikabel und von Relevanz sein und somit dem Desiderat der Forschung gerecht und zu einem Paradigmenwechsel führen wird.

3 Das Erkundungsverfahren des Betrachtens im Unterricht

In diesem dritten Kapitel wird zunächst ein Unterrichtsentwurf für eine Unterrichtsstunde der sechsten Klasse eines Gymnasiums vorgestellt, deren Schwerpunkt auf dem Betrachten und dem Zeichnen, einer dem Betrachten sinnvollerweise zugeordnete Arbeitstechnik, liegt. Des Weiteren wird der problemorientierte Ansatz thematisiert und erläutert. Die vorgestellte Unterrichtsstunde wird sodann einer methodisch-didaktischen Analyse unterzogen. Im Anhang sind neben der Planung und dem an die Schüler ausgeteilten Arbeitsmaterial auch das als visueller Impuls zum Stundenbeginn verwendete Bild zu finden.

3.1 Die Unterrichtsstunde

Die im Folgenden dargestellte, 45 Minuten während Unterrichtsstunde wurde für eine sechste Klasse eines deutschen Gymnasiums geplant und durchgeführt; eingebettet war sie in die Unterrichtsreihe *Vielfalt von Lebewesen* und hatte in der Sequenz *Bauplan von Blütenpflanzen* zum Auftakt das *Betrachten und Zeichnen einer typischen Blütenpflanze* zum Unterrichtsgegenstand. Das primäre Lernziel bezog sich dabei auf das Erlangen der Kenntnis eines allgemeinen Bauplans von Blütenpflanzen sowie deren Grundorgane inklusive der jeweils zugehörigen basalen Funktionen.

Im Sinne eines induktiven Lernprozesses wurde den Schülern zunächst ein Bildimpuls präsentiert, der aus einer bunten Blumenwiese voller Tulpen bestand (siehe Anhang). Die Schüler sollten mit diesem Einstieg an das neu einsetzende Thema herangeführt werden, indem sie sich zum Dargestellten beschreibend äußern mussten. Durch hinführend ergänzende Fragen – wie etwa nach Gemeinsamkeiten von den Schülern bereits bekannten Blumen und anderen Blütenpflanzen – sollte eine Leitfrage nach dem allgemeinen Bau von Blütenpflanzen herausgearbeitet werden, wobei erste Fachbegriffe wie z. B. Blätter, Blüte, Stängel oder Wurzel genannt und umrissen werden sollten.

Zum Übergang in die Arbeitsphase, die aus dem Betrachten frischer heimischer Blumen bestand, wurde von der Lehrkraft eine Problematisierung angestrengt, die sich ebenfalls aus dem Bild ableitet. Da im Hintergrund des Bildes einige Bäume zu sehen waren, wurden die Schüler mit der Frage konfrontiert, ob alle dort zu sehenden Pflanzen als Blütenpflanzen bezeichnet werden können. Diesem, einen sog. kognitiven Konflikt auslösenden, Problem sollte dann durch das Betrachten vorliegender Blumen und durch das Bewältigen der zugehörigen Aufgaben und Arbeitsschritte durch die Schüler zunächst in Einzel- und dann in Partnerarbeit nachgegangen werden. Die Aufgaben der Schüler bestanden aus dem Betrachten einer von mehreren verschiedenen heimischen Blütenpflanzen (Blumen wie Tulpen, Rosen, Lattich etc.), dem Zeichnen ihrer vorliegenden Pflanze sowie dem anschließenden Beraten mit einem Lernpartner nach der Methode des Lerntempoduetts über erstens sinnvolle Bezeichnungen für bestimmte Pflanzenanteile und zweitens eine mögliche Zuordnung von Funktionen zu selbigen. Dem Betrachten sowie der damit verbundenen Zeichnung sollte mit ca. 50 % der zur Verfügung stehenden Zeit ein Großteil der Stunde gewidmet werden, sodass die Schüler ausreichend Zeit hatten, sich mit dem betrachteten Objekt auseinanderzusetzen, vertraut zu machen und so dessen Eigenschaften und besonderen Merkmale zu erkennen.

Die im Anschluss stattfindende Sicherungsphase sollte durch die Schüler gestaltet werden, indem schnelle Lerner ihre Zeichnungen auf Folie übertragen und präsentieren konnten. (An dieser Stelle wäre eine Dokumentenkamera wünschenswert gewesen, um auch die Ergebnisse der langsameren Schüler durch eine Präsentation zu würdigen.) Der Vergleich sollte während dieser Phase vorherrschend sein, sodass die Schüler erkennen, dass trotz unterschiedlicher Art ein gemeinsamer Bauplan vorliegt. Damit wäre dann auch die Problematisierung der Stunde weiterzuführen gewesen, indem der Konflikt insofern hätte aufgelöst werden können, dass dieser erkannte Bauplan sich auch auf zunächst aufgrund ihrer augenscheinlichen Andersartigkeit ausgeschlossene Pflanzen – begründet vor allem durch die Größe der Bäume – ausweiten ließe.

Der in der Planung berücksichtigte Transfer und damit das Auflösen des Konfliktes, dass Blumen wie auch Bäume beide gleichermaßen zu den Blütenpflanzen zählen, konnte mangels ausreichender Zeit nicht mehr realisiert werden und musste deshalb in die Folgestunde verschoben werden.

3.2 Methodisch-didaktische Analyse

Im Folgenden wird die oben vorgestellte Unterrichtsstunde methodisch-didaktisch analysiert. Dazu werden zunächst die Lernziele und die Intention der Unterrichtsstunde genauer aufgeschlüsselt, worauf eine Betrachtung der Lerngruppe und Lernausgangslage folgt. Das Kapitel schließt mit der Formulierung der kompetenzorientierten Zielsetzung der Unterrichtsstunde.

3.2.1 Lernziele und Intention

Das Hauptlernziel der Stunde besteht in der Erkenntnis der Schüler über den gleichförmigen Bauplan aller Blütenpflanzen sowie dem Kennenlernen bzw. Erschließen der jeweils zentralen Funktion der Grundorgane derselben, sodass sie diese anschließend gemäß den Anforderungsbereichen I und II nennen und beschreiben können sollen. Dabei lernen die Schüler die Blütenpflanzen als wichtigsten Vertreter der Pflanzen kennen.

Als nebengeordnete Ziele sind die Heranführung der Schüler an die fachtypische Arbeitsweise des Betrachtens und das damit verbundene Zeichnen einer Blütenpflanze anzusehen, die ihnen Handlungskompetenz verleihen. Des Weiteren sollen die Schüler in der Lage sein, einige heimische Vertreter der Blütenpflanzen benennen zu können.

Über die Problemorientierung der Stunde sollen die Schüler zu einem naturwissenschaftlichen und kritischen Denken motiviert werden, das die o. g. Handlungsprozesse begleitet und befördert.

3.2.2 Lerngruppenanalyse und Lernausgangslage

Die Lerngruppe – eine sechste Klasse eines deutschen Gymnasiums – besteht aus 15 weiblichen und 14 männlichen Schülern und weist somit ein ausgeglichenes Geschlechterverhältnis auf. Die Schüler werden in 90-minütigen Doppelstunden unterrichtet, die durch eine kurze Pause von meist fünf Minuten in etwa der Mitte unterbrochen wird. Für die geplante Stunde wurde demzufolge nur der erste Teil verwendet. Den unterrichtenden Praxissemesterstudenten kennt die Klasse aus zahlreichen Hospitationsstunden sowie von ihm selbst durchgeführten Arbeitsphasen.

Das Interesse der Lerngruppe an biologischen Phänomenen und Fragestellungen ist recht groß, sodass ein spannender Unterricht in dieser Klasse leicht zu realisieren ist. Einzelne Schüler besitzen teilweise ein großes Vorwissen, das sie in Form von Kurzvorträgen zum Ende einer Unterrichtseinheit vorstellen können. Das Sozialverhalten in der Klasse ist als unauffällig zu bezeichnen.

Die Lerngruppe ist sowohl in Bezug auf ethnisch-soziologische Gesichtspunkte als auch auf ihr Lernverhalten, den allgemeinen naturwissenschaftlichen Wissensstand sowie auf ihre Methoden- und Handlungskompetenz als heterogen zu bezeichnen. Der zuständige Fach- und der Klassenlehrer erklären diesen Umstand durch die Zusammensetzung der Schüler aus verschiedenen Grundschulen. Maßnahmen der Binnendifferenzierung, die dem entgegenwirken könnten, sind im Biologieunterricht nicht zu beobachten. Die Lehrkraft legt indes großen Wert auf Methodenkompetenz, sodass die Schüler z. B. klaren Handlungsanweisungen für den Umgang mit Fachtexten folgen. In der realisierten Stunde wurde dem Umstand des unterschiedlichen Arbeitstempos Rechnung getragen, indem die Methode des Lerntempoduetts angewendet wurde. Dabei beginnen die Schüler mit einer Einzelarbeitsphase und finden sich nach Abschluss ihrer Aufgaben mit solchen Partnern zusammen, die gleich schnell gearbeitet haben, um sodann gemeinsam einer weiterführenden Fragestellung oder Arbeitsanweisung nachzugehen.

Für die Stunde ist kein explizites Vorwissen aus dem vorhergehenden Unterricht notwendig, das sie den Auftakt zu einer neuen Unterrichtssequenz bildet. Das den Schülern zur Verfügung stehende Welt- und Alltagswissen genügt vorerst, um den Weg der Erkenntnisgewinnung dieser Stunde zu beschreiten. Die zur Anwendung gebrachte fachgemäße Arbeitsweise des Betrachtens ist den Schülern zwar nominell unbekannt, birgt aber kaum nennenswerte Schwierigkeiten aufgrund der intuitiv handhabbaren Erkundungsform. Die Arbeitsweise des Zeichnens fällt indes vielen Schülern schwer, da sie ungeübt in der schematisierenden Darstellung sind und teilweise dazu neigen, Details einen zu hohen Stellenwert einzuräumen, sodass ihr Zeitmanagement durcheinander gerät und die Aufgaben in der geforderten Zeit nicht abgeschlossen werden können.

Gemäß den eingangs dieser Arbeit formulierten Richtlinien für einen erkenntnisgewinnungs-orientierten Fachunterricht soll den Schülern kein Wissen in einem lehrerzentrierten Unterricht bereitgestellt werden, sondern durch eigenes Handeln sollen die Schüler Wissen generieren und mit Hilfe der Lehrkraft erschließen. Das forschende Lernen, das in diesem Fall mittels der Erkundungsform des Betrachtens schülerorientiert realisiert wird, schult die Denk- und Arbeitsweisen der Lernenden. Der durch die Problematisierung hervorgerufene kognitive Konflikt hält die Schüler über ihren natürlichen Forschungsdrang hinaus weiter dazu an, eine Lösung zu finden und lässt sich somit in die bereits vorhandene Motivation – die selbige weiter steigernd – einbinden.

3.2.3 Kompetenzorientierte Zielsetzung

Moderner Biologieunterricht setzt auf Kompetenzerwerb und unterscheidet konzeptbezogene von prozessbezogenen Kompetenzen. Erstere stellen damit die Inhaltsdimension dar und referieren auf das durch die Basiskonzepte beschriebene Fachwissen, wohingegen sich letztere auf die Handlungsdimension stützen, die naturwissenschaftliche Denk- und Arbeitsprozesse in den Fokus rückt (cf. KLP 2008).

Wie bereits in Kapitel 2.2 dargelegt, stellt sich der Fachunterricht somit höheren Anforderungen als das bloße Vermitteln von Wissen. Vielmehr verpflichtet er sich stattdessen, vor allem die handlungsbezogenen Kompetenzen der Lernenden zu schulen und auszubauen. Diese verhelfen ihnen zu einem selbständigen Lernen, indem sie die Schüler zu einem mündigen und autonomen Umgang mit den Schwierigkeiten und Herausforderungen des Fachs befähigt. Dabei sind in der Biologie unter den konzeptbezogenen Kompetenzen die drei Basiskonzepte System, Struktur und Funktion sowie Entwicklung zu verstehen, unter den prozessbezogenen Kompetenzen sind die der Erkenntnisgewinnung, Kommunikation und des Bewertens zusammengefasst. Wie diese einzelnen Kompetenzen in der dargestellten Unterrichtstunde realisiert werden, ist in den beiden folgenden Abschnitten erläutert.

Konzeptbezogene Kompetenzen

Laut Kernlehrplan umfassen konzeptbezogene Kompetenten des Naturwissenschaftsunterrichts „das Verständnis und die Anwendung begründeter Prinzipien, Theorien, Begriffe und Erkenntnis leitender Ideen, mit denen Phänomene und Vorstellungen […] beschrieben, geordnet sowie Ergebnisse vorhergesagt und eingeschätzt werden können" (KLP 2008).

Im Folgenden werden die in den Basiskonzepten formulierten und für die untersuchte Stunde relevanten Erwartungen an die Schüler für die drei Teilgebiete genannt:

Kompetenzbereich	Die Schüler …
System	• beschreiben Merkmale der Blütenpflanzen und setzten diese miteinander in Beziehung,
Struktur und Funktion	• nennen verschiedene Blütenpflanzen, unterscheiden ihre Grundorgane und nennen deren wesentliche Funktionen,
Entwicklung	(keine)

Prozessbezogene Kompetenzen

„Die prozessbezogenen Kompetenzen beschreiben die Handlungsfähigkeit von […] Schülern in Situationen, in denen naturwissenschaftliche Denk- und Arbeitsweisen erforderlich sind (KLP 2008). Sie werden im Folgenden kurz dargestellt.

Kompetenzbereich	Die Schüler …
Erkenntnisgewinnung	• betrachten und beschreiben Blütenpflanzen, • entwickeln Fragestellungen, die mit Hilfe biologischer Kenntnisse und Untersuchungen zu beantworten sind, • analysieren Ähnlichkeiten und Unterschiede der Pflanzen, • erklären biologische Sachverhalte unter Verwendung der Fachsprache, • üben fachtypische Arbeitsweisen,
Kommunikation	• tauschen sich über biologische Erkenntnisse aus, • beschreiben und erklären mit Zeichnungen,
Bewerten	(keine)

Die Schüler entwickeln also ein basales Fachwissen über den typischen Aufbau einer Blütenpflanze und die Funktionen ihrer Grundorgane, indem sie – ihre Handlungskompetenz dadurch erweiternd – erkundend ein Naturobjekt betrachten. Durch das Zeichnen wird ihre Abstraktionsfähigkeit geschult, das Erörtern von Funktionen mit einem Partner und das anschließende Präsentieren führen zu fachsprachlichen und darstellenden Fähigkeiten.

4 Reflexion

Die vorgestellte Unterrichtsstunde ist ein anschauliches Beispiel, wie Schüler über die einfach anzuwendende Erkundungsform Betrachten zu einem selbständigen und forschenden Lernen angehalten werden können. Mit überschaubarem Aufwand in Bezug auf die planerische und materielle Vorbereitung kann die in vorliegender Arbeit beschriebene Stunde realisiert werden. Zum Einstieg in eine Unterrichtsreihe oder -sequenz erweist sich das Betrachten demnach als probates Mittel, da es zunächst wortwörtlich auf einer oberflächlichen Ebene bleibt und somit deutlich weniger Abstraktionsleistungen und Vorwissen verlangt als die Arbeitsweisen des Untersuchens oder Experimentierens. Gemäß einem induktiven Ansatz ist diese Stunde beispielhaft, da vom Speziellen, den unterschiedlichen Blumenarten, auf einen für eine Vielzahl von Arten allgemein gültigen Bauplan geschlossen wird.

Selbstverständlich ist es (noch) zielführender, wenn die als roter Faden des Unterrichts verwendete Problematisierung durch die Schüler selbst erfolgt, da dann ihr natürliches Bestreben zum Auflösen dieses Konfliktes stärker gefördert wird. Die konkret zur Anwendung gebrachte lehrerzentrierte Variante ist gleichwohl eine ebenfalls zielführende Lösung und bildet häufig den praktikableren Weg.

Durch das Zeichnen und die Partnerarbeit wurden bereits erwähnte Denkvorgänge eines wissenschaftlich orientierten Unterrichts angestoßen, welche die vorgeschalteten Wahrnehmungsvorgänge ergänzen und begünstigen und somit schlussendlich die eigentliche Erkenntnisgewinnung der Lernenden befördern. Damit bietet sich das Betrachten als effektive Erkundungsform an, wenn Inhalts- und Handlungsdimension auf einer unteren Ebene miteinander verknüpft werden und eine funktionale Einheit bilden sollen. Seine intuitive Handhabbarkeit und die unmittelbare Nähe der Schüler zum Naturobjekt fördern ein natürliches Interesse und tragen zu einem motivierten Unterricht bei. Um die Nähe zur Natur noch weiter zu betonen, wäre das vorherige Sammeln der im Unterricht betrachteten Objekte ein vielversprechender Weg, der allerdings mit einem höheren organisatorischen Aufwand einhergeht.

Das Betrachten als einfache Erkundungsform ist dem Verfasser vorliegender Arbeit in seinen hospitierten Stunden des Praxissemesters tatsächlich jedoch kaum begegnet. Ein häufigerer Einsatz erscheint unter der Prämisse der simplen Vorbereitung und Gestaltung sowie der erwähnten Vorteile und nicht zuletzt aufgrund der hohen Akzeptanz auf Seiten der Schüler als wünschenswert für den forschenden Biologieunterricht.

Literaturverzeichnis

Forschung

BAISCH, PETRA (2016): *Erkenntnisse gewinnen*. In: Weitzel, Holger/Schaal, Steffen (Hrsg.): Biologie unterrichten. planen, durchführen, reflektieren. Berlin: Cornelsen, S. 76 - 105.

GROPENGIEßER, HARALD (2013): *Erkunden und Erkennen*. In: Gropengießer, Harald/Harms, Ute/Kattmann, Ulrich (Hrsg.): Fachdidaktik Biologie. Hallbergmoos: Aulis, S. 268 - 272.

KILLERMANN, WILHELM/HIERING, PETER/STAROSTA, BERNHARD. (2013): *Biologieunterricht heute*. Eine moderne Fachdidaktik. Donauwörth: Auer.

MAYER, JÜRGEN (2007): *Erkenntnisgewinnung als wissenschaftliches Problemlösen*. In: Krüger, Dirk/Vogt, Helmut (Hrsg.): Theorien in der biologiedidaktischen Forschung. Berlin: Springer, S. 177 - 186.

Hilfsmittel

Kernlehrplan für das Gymnasium – Nordrhein-Westfalen. Biologie (2008)

Anhang

Anhang 1: Planung der Unterrichtsstunde

30. März 17

Tim Hoffmann
Gymnasium Würselen
Klasse 6 (Lehrkraft n. n.)

Unterrichtsreihe

Vielfalt von Lebewesen

Unterrichtssequenz

Bauplan der Blütenpflanzen

Unterrichtsstunde

Betrachten und Zeichnen einer typischen Blütenpflanze

Thema der vorausgehenden Stunde

N.n.

Thema der nachfolgenden Stunde

Aufbau einer Blüte

Stundenziel

Die Schüler lernen die Blütenpflanzen als zentralen Vertreter der Pflanzen kennen, indem sie die Grundorgane einer Blütenpflanze nennen und unterscheiden sowie ihre jeweils zentrale Funktion erklären.

Dabei steht das Problem, dass Blumen wie Bäume gleichermaßen Vertreter der Blütenpflanzen sind, als zentrale Fragestellung im Vordergrund.

Teilziele

- Die Schüler zeichnen den Aufbau einer einfachen Blütenpflanze.
- Die Schüler nennen Beispiele für ihnen bekannte Blütenpflanzen.

Stundenplanung

Zeit	Phase	Inhalte/Lernschritte	Medien & Arbeitsmittel	Methodisch-didaktischer Kommentar
08:00	**Einstieg**	Bildimpuls: Den Schülern wird eine bunte Blumenwiese voller Tulpen gezeigt, im Hintergrund sind Bäume zu sehen	Beamer	Der Bildimpuls soll den Schülern den Gegenstand der Unterrichtsstunde näher bringen
		Welche weiteren Blumen kennt ihr und was sind Gemeinsamkeiten? Was ist mit den Bäumen im Hintergrund – sind das auch Blütenpflanzen?	Plenum	Dabei sollen die Schüler auf den Begriff Blüte kommen, sodass der Fachbegriff Blütenpflanze eingeführt werden kann. Zudem sollen dadurch Kriterien für die Betrachtung festgelegt werden.
	[Problematisierung]	**Leitfrage: Gibt es einen gemeinsamen Bauplan für alle Blütenpflanzen?** **Problem: Blumen ≠ Bäume!?**		Die Leitfrage soll einen kognitiven Konflikt auslösen: Diversität der phänotypischen Ausprägung der Pflanzenwelt vs. Reduzierung auf EINEN gemeinsamen Bauplan
08:07	**Erarbeitung**	Austeilen des AB. Aufgaben vorlesen lassen und ggf. Fragen klären.	EA, PA (Lerntempoduett)	In Einzelarbeit sollen die Schüler üben, das Gesehene zu verarbeiten und auf Papier zu bringen. Zeichnen soll als wichtige Arbeitsweise genutzt werden, um genau hinzusehen.
08:30	**Sicherung**	Schüler präsentieren ihre Ergebnisse (Folie). Gemeinsames Überlegen, welche Begriffe sinnvoll sind, um die Blume zu beschrieben.	Plenum, Schülervortrag	Die Schüler sollen selbst Begriffe erörtern und gegeneinander abwägen. Zudem sollen sie Betrachtungen anhand der Zeichnung verdeutlichen und verbalisieren.
08:40	**Transfer**	Wieso lassen sich auch Bäume als Blütenpflanzen bezeichnen? Welche Gemeinsamkeiten haben sie mit den Blumen, die heute betrachtet wurden?		Die Schüler erkennen und übertragen Gesetzmäßigkeiten.

Anhang 2: Bildimpuls

pixabay.com

Anhang 3: Arbeitsblatt für die Schüler

AB Blütenpflanzen

Nahezu alle Pflanzen, die wir als Nahrung, Rohstoff oder Energiequelle nutzen, sind Blütenpflanzen. Heute wollen wir gemeinsame Merkmale dieser Pflanzen erarbeiten. Da Bäume (ebenfalls Blütenpflanzen) für den Klassenraum zu groß sind, befassen wir uns mit handlicheren Vertretern, sodass wir zunächst verschiedene Blumen betrachten werden.

Aufgabe: Betrachten und Zeichnen einer Blütenpflanze

a) Wähle eine der ausliegenden Blütenpflanzen (Blumen) und betrachte sie genau, ohne dabei jedoch einzelne Bestandteile der Pflanze zu beschädigen oder zu entfernen.

b) Fertige nun eine Zeichnung der gesamten Pflanze auf einem weißen DIN-A4-Blatt an. Dabei müssen keine Details herausgestellt werden, sondern ein grober Überblick der Pflanze ist das Ziel. Die Anzahl und Form der Blätter und Blüte sollte allerdings zu erkennen sein.

c) Tausche dich mit deinem Lernpartner aus und versucht gemeinsam, die Zeichnung sinnvoll zu beschriften, indem ihr nicht mehr als vier verschiedene Begriffe verwendet und überlegt, welche Funktionen den einzelnen Bestandteilen zugeordnet werden könnte.

d) Falls ihr schnell gearbeitet habt, könnt ihr eure Zeichnung auf eine Folie übertragen.

Anschließend vergleichen wir gemeinsam die Ergebnisse.

BEI GRIN MACHT SICH IHR WISSEN BEZAHLT

- Wir veröffentlichen Ihre Hausarbeit,
  Bachelor- und Masterarbeit

- Ihr eigenes eBook und Buch -
  weltweit in allen wichtigen Shops

- Verdienen Sie an jedem Verkauf

Jetzt bei www.GRIN.com hochladen
und kostenlos publizieren